身边的科学

万物由来

碗

郭翔 / 著

读
漫画

知
常识

晓
文化

做
实验

北京理工大学出版社
BEIJING INSTITUTE OF TECHNOLOGY PRESS

图书在版编目（CIP）数据

万物由来. 碗/郭翔著.—北京：北京理工大学出版社，2018.2（2020.5 重印）
（身边的科学）

ISBN 978-7-5682-5170-9

Ⅰ.①万… Ⅱ.①郭… Ⅲ.①科学知识—儿童读物②餐具—儿童读物 Ⅳ.①Z228.1②TS972.23-49

中国版本图书馆CIP数据核字（2018）第001989号

出版发行 / 北京理工大学出版社有限责任公司

社　　址 / 北京市海淀区中关村南大街5号

邮　　编 / 100081

电　　话 / （010）68914775（总编室）

　　　　　（010）82562903（教材售后服务热线）

　　　　　（010）68948351（其他图书服务热线）　　　　　　　　　　责任编辑 / 张　萌

网　　址 / http://www.bitpress.com.cn　　　　　　　　　　　　　　策划编辑 / 张艳茹

经　　销 / 全国各地新华书店　　　　　　　　　　　　　　　　　　特约编辑 / 马永祥

印　　刷 / 雅迪云印（天津）科技有限公司　　　　　　　　　　　　　　　　　董丽丽

开　　本 / 889毫米×1194毫米　1 / 16　　　　　　　　　　　　　　插　　画 / 张　扬

印　　张 / 3　　　　　　　　　　　　　　　　　　　　　　　　　　装帧设计 / 何雅亭

字　　数 / 60千字　　　　　　　　　　　　　　　　　　　　　　　　　　　　刘龄蔓

版　　次 / 2018年2月第1版　2020年5月第9次印刷　　　　　　　　　责任校对 / 周瑞红

定　　价 / 24.80元　　　　　　　　　　　　　　　　　　　　　　　责任印制 / 王美丽

开启万物背后的世界

树木是怎样变成纸张的？蚕茧是怎样变成丝绸的？钱是像报纸一样印刷的吗？各种各样的笔是如何制造的？古代的碗和鞋又是什么样子呢？……

每天，孩子们都在用他们那双善于发现的眼睛和渴望的好奇心，向我们这些"大人"抛出无数个问题。可是，这些来自你身边万物的小问题看似简单，却并非那么容易说得清道得明。因为每个物品背后，都隐藏着一个无限精彩的大世界。

它们的诞生和使用，既包含着流传千古的生活智慧，又具有严谨务实的科学原理。它们的生产加工、历史起源，既是我们这个古老国家不可或缺的历史演变部分，也是人类文明进步的重要环节。我们需要一种跨领域、多角度的全景式和全程式的解读，让孩子们从身边的事物入手，去认识世界的本源，同时也将纵向延伸和横向对比的思维方式传授给孩子。

所幸，在这套为中国孩子特别打造的介绍身边物品的百科读本里，我们看到了这种愿景与坚持。编者在这一辑中精心选择了纸、布、笔、钱、鞋、碗，这些孩子们生活中最熟悉的物品。它以最直观且有趣的漫画形式，追本溯源来描绘这些日常物品的发展脉络。它以最真实详细的生产流程，透视解析其中的制造奥秘与原理。它从生活中发现闪光的常识，延伸到科学、自然、历史、民俗、文化多个领域，去拓展孩子的知识面及思考的深度和广度。它不仅能满足小读者的好奇心，回答他们一个又一个的"为什么"，更能通过小实验来激发他们动手探索的愿望。

而且，令人惊喜的是，这套书中也蕴含了中华民族几千年的历史、人文、民俗等传统文化。如果说科普是要把科学中最普遍的规律阐发出来，以通俗的语言使尽可能多的读者领悟，那么立足于生活、立足于民族，则有助于我们重返民族的精神源头，去理解我们自己，去弘扬和传承，并找到与世界沟通和面向未来的力量。

而对于孩子来说，他们每一次好奇的提问，都是一次学习和成长。所以，请不要轻视这种小小的探索，要知道宇宙万物都在孩子们的视野之中，他们以赤子之心拥抱所有未知。因此，我们希望通过这套书，去解答孩子的一些疑惑，就像一把小小的钥匙，去开启一个大大的世界。我们希望给孩子一双不同的看世界的眼睛，去帮助孩子发现自我、理解世界，让孩子拥有受益终生的人文精神。我们更希望他们拥有热爱世界和改变世界的情怀与能力。

所谓教育来源于生活，请从点滴开始。

北京理工大学材料学院与工程学院

教授，博士生导师

小碗儿成长相册

嗨，大家好，我叫小碗儿，是一只有着美丽花纹的瓷碗。我有很多兄弟姐妹，我的家族有着悠久的历史和文化。我去过很多地方，经历了很多有趣的故事，一起来跟着我看看吧。

我的身体是由泥土做成的

我在窑里经受高温的磨炼

我的身体上有美丽的花纹

我喜欢品尝各种美食

我在博物馆里有一份很酷的工作

我和碗家族的大合影

目录

走进碗的多彩世界

你是不是每天都会接触到各种各样的碗呢？吃饭用的饭碗，盛汤用的汤碗，喝茶用的茶碗，等等。碗虽然普通，却是我们生活中的必需品。它的外形多变，材质多样，还有着特殊的寓意和文化。现在，就让我们走进丰富多彩的碗世界，看一看碗家族的成员们吧！

各种材质的碗

瓷碗

木碗

陶碗

搪瓷碗

不锈钢碗

不同功能的碗

观赏碗

茶碗

面碗

饭碗

塑料碗

纸碗

银碗

金碗

玻璃碗

玉碗

铜碗

汤碗

冰激凌碗

沙拉碗

碗是谁发明的

　　目前，没有哪一项考古发现，能告诉我们碗是由谁发明的。考古学家根据许多出土文物推断，碗和其他器皿一样，是古人在漫长的生存实践中创造出来的。首先，我们的祖先学会了用火把食物弄熟，其中一个方法叫作烧烤，即用木棍支起食物放在火中烤；另外一个方法叫作焙熟，是把食物放在被火烧热的石头上面使其慢慢变熟。

在旧石器时代，聪明的祖先又学会了把泥土掺水揉成一定的形状，再把食物放在上面，搁到火上焙烤。他们发现这些泥土和水捏成的东西，经过火烤之后，变得坚固不容易漏水，而且能使用很长时间。于是，人们不断地尝试，从中得到启发，根据生活的需要，烧制出简单的器皿，用来做饭、盛饭，保藏食物。这就是陶器的起源。只不过，最先做出来的陶器还没有形成碗的形状和叫法。直到很久之后，才慢慢出现了碗。

碗的时光隧道
新石器时代：陶豆更流行

　　尽管不知道是谁发明了碗，但是碗的历史却绵延几千年，最早可追溯到新石器时代用泥烧制的陶碗。现在，就让我们回顾一下历史吧。

　　人们学会烧制陶器以后，首先用陶土烧制出来的是陶罐，既能做饭，又能盛放食物。随着食物种类的增多，逐渐由陶罐演变出专门的炊具和食具，有鼎、簋、豆、壶、尊等。而其中的陶豆、陶簋则充当了碗的功能，成为人们进食的主要用具，反倒是碗并不多见。因为，那时人们席地而坐，吃饭用的东西都放在地上，所以在青铜器时代，像陶豆、陶簋这样有着高高底座的食具，大受欢迎。不过，那时碗的造型已经和现在的碗看上去很相似了。

簋（Guǐ）
是古代中国用于盛放煮熟的饭食的器皿。

鼎
主要用途是烹煮食物，鼎的三条腿便是支架，鼎腹下烧火，可以熬煮油烹食物。有时也用来盛放肉食。

豆
开始时用于盛放黍、稷等谷物，后用于盛放腌菜和肉酱等调味品。

小碗儿历史课

豆在古代用量很多

作为盛放食物的器皿，鼎用来盛放肉类，簋用来盛放煮熟的饭食，豆虽然没有鼎、簋那么显赫，却也是餐桌上必不可少的盛食器皿，而且使用更加普遍。豆通常成对出现，专用于盛放各种辅助性菜肴或腌菜、肉酱之类。由于这类食品品种繁多，所以贵族们宴饮时用豆数量非常多。

壶
用来盛汤、酒等液体的用具。

尊
用来饮酒的容器。

哇! 这些古代的陶碗看起来很不错哦!

新石器时代的碗

出土的新石器时代的碗并不多, 中原地区仰韶文化遗址出土的碗已经有了非常丰富的造型。它们和今天我们使用的碗看上去没什么不同了。

古人采漆液的方法非常简单，直接在漆树树干上划一道口子，将一段削成斜口的竹筒插入，漆液就会慢慢流进竹筒中。

奢侈品朱漆碗

你知道吗，在 7000 多年前，中国就已经有木碗了。那时，人们常常就地取材制造物品。可是，当他们用木头造的杯碗盛水时，常会发生渗漏的现象。后来，无意间发现，将漆树的汁液涂抹在木碗的表面，晾干之后就不会出现渗水的情况；同时，涂抹了汁液的碗也因此变得有光泽，很亮丽，非常好看。用这种方法制作出来的器皿被称为漆器。

考古学家曾在河姆渡文化遗址挖掘出一只朱漆碗，这是目前发现的最早的漆器。但由于朱漆碗的制作费时费力且价格昂贵，只有王室贵族和富裕人家才用得起，所以无法取代当时民间惯用的陶碗。

到了汉代，出现了分工细致的皇室漆器制作工场，专门生产漆器。

瓷碗成为主流

　　那么瓷碗是什么时候出现的呢？瓷器出现在我国东汉时期，称为青瓷。那时的人们已经可以用瓷窑来烧制瓷碗。这些瓷碗不仅质地细腻，而且表面富有光泽，看起来比陶碗更加漂亮。于是，瓷碗越来越受到人们的喜欢，特别是到了魏晋南北朝时期，陶豆和陶簋几乎绝迹了，而碗、盘、盆、罐等则成为人们日常生活中最常见的器皿。之后，人们不断完善制作碗的技术，美化碗的形态，于是制作越来越精美的瓷碗逐渐成为主流。

豆和簋为什么消失了?

从战国时期起，出现了新型的家具——案，比桌子矮小，轻便能随意搬动。有了案，人们再也不用把食具放在地上了，那么，有些笨重和过于高大的陶豆和陶簋就显得不太合适了。而且随着制造器皿的技术水平越来越高，碗也制作得越来越精细，它的方便实用更能满足人们的需求。

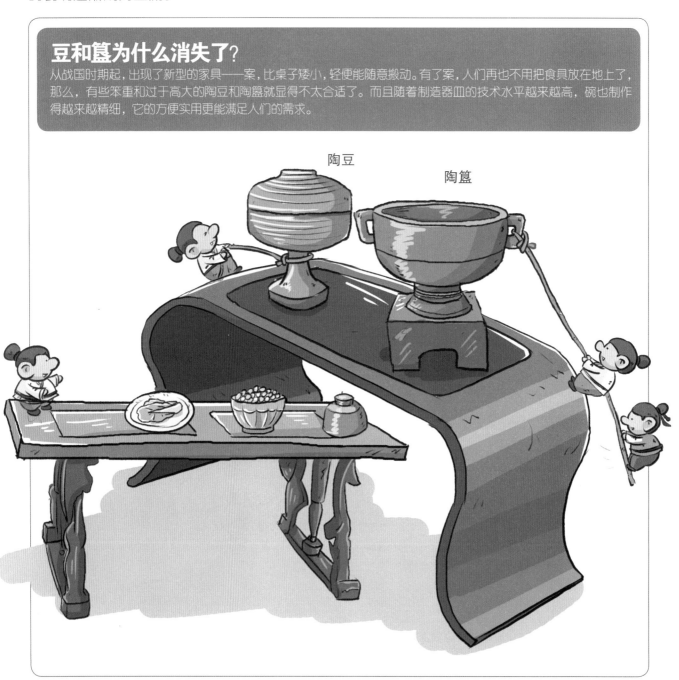

陶豆　　　　　陶簋

小碗儿历史课

陶与瓷有什么区别？

★陶瓷是一般黏土制品的统称，指的是人们将自然界中的黏土加水后和成泥料，捏塑成型后，经过烧制而成的各种制品，包括陶器与瓷器。

★瓷器是由陶器演变而来的，它们有相同的地方，又有很大的不同之处。陶器和瓷器依烧制温度的高低而有所不同，陶器有高温烧制品和低温烧制品，瓷器大多以高温烧制而成。瓷比陶更坚硬、细腻，有着漂亮的外观，深得人们的喜爱。制作瓷器的方法也更加复杂，所以，能造出那么多有着漂亮花纹、图案的瓷碗。但是，陶器也并没有因为瓷器的出现而消失，它依然有自己的独特魅力。

碗不仅要好用还要好看

在古代，碗只是用来吃饭吗？当然不是，到了唐代，不少人拿碗喝茶、喝酒，还把制作精美的碗当作摆设。正因如此，唐代碗的功能不再只是单纯地为了实用而设计，已经明显地具备观赏价值。这个时期的碗花样非常多，造型也很漂亮，比如说有像花儿一样碗口的花瓣形碗，刻有美丽花纹的瓷碗，以及有着绚丽色彩的唐三彩陶碗，看上去都是那么的独特，像艺术品一样。

精美的唐朝瓷碗

唐朝青釉花瓣口碗

唐朝花纹瓷碗

这首诗中提到的玉碗，指的可不是用玉石做成的碗哦，而是泛指那些精美的碗。当然啦，真正的玉碗在汉代已经有了，由于玉比较稀有，制作方法也不够完备，它的数量并不多。到了明清，才逐渐多了起来。

小碗儿语文课

《客中行》

【唐】李白
兰陵美酒郁金香，玉碗盛来琥珀光。
但使主人能醉客，不知何处是他乡。

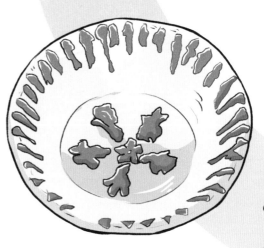

唐朝青花小碗

绚丽的唐代陶碗

唐三彩碗

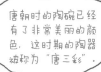

唐朝时的陶碗已经有了非常美丽的颜色，这时期的陶器被称为"唐三彩"。

风靡欧洲的瓷碗

你知道吗，瓷器是中华民族的伟大发明，而宋朝则是中国陶瓷史上的黄金时代。当时，瓷器制造业非常繁荣，全国各地有很多烧制瓷器的窑，使得瓷碗的数量越来越多，造型越来越新颖。

令人自豪的是，中国的瓷碗和瓷器还漂洋过海传到欧洲、中东、东南亚各地，深受各国人民喜爱。17世纪时，精致、美丽的瓷碗在欧洲成了流行器皿，从此瓷器（china）的英文名字也成了中国的代名词，代表着中国的艺术，传播到世界各地。

看！这些造型别致的宋朝瓷碗是不是很令人惊叹呢？

宋朝莲花形碗

宋人总结了前人千年来的成功经验，创造出了更多碗的造型。其中，很多造型完全模仿自然形象。比如说，花瓣形碗就在唐朝花形碗的基础上，把瓷碗口创新成若干等分花瓣状，有四瓣、五瓣、六瓣等，按花瓣弧线的不同分为葵花口、海棠口等，看起来赏心悦目。

宋朝花瓣形葵花口碗

宋朝花瓣形海棠口碗

宋朝青瓷莲花纹碗

宋朝菊花形碗

我的兄弟斗笠碗来自宋代，把它倒过来，像不像渔夫头上的斗笠？

宋代斗笠碗

异域风格的高足碗

　　你见过这种高高托起的碗吗？它可是元朝时最流形的一种饮食用具。中国的元朝由蒙古人统治，统治者来自游牧民族，他们追求奢华的生活享受，喜欢大吃大喝，使用的器皿具有厚重、粗大、豪放的特点。其中，高足碗、高足杯就是非常典型的蒙古族器皿。

　　这种形态带有典型的异域风情，大体跟游牧民族席地而坐的生活习惯有关。碗多了个高足托，从地上取来方便，摆在地上或者低案上也感觉略干净些。这种潮流风行了数百年，直至清朝中期之后才逐渐消失。

元代有很多特别大的碗，据说，最大的一只居然有40厘米的口径。

元代的哥窑高足碗

元代青花凤纹高足碗

元代高足斗笠碗

明代红釉高足碗

花纹精美的瓷碗

到了明清时期，人们特别喜欢给碗绘制各式各样的漂亮花纹，也就是装饰。特别是到了清朝中后朝，中国在瓷器制作技艺上的精进，使得瓷碗的变化更加丰富，花纹更加绚丽多彩。

小碗儿语文课

古人爱美食更爱美器

清代诗人袁枚在他的作品《随园食单》中提到了一句古话，叫作"美食不如美器"。他认为美食要与漂亮的器皿搭配在一起，相互衬托，才堪称完美。由此可见，古人是多么看重器皿的装饰效果，几乎将当时流行的各式图案都绘制在了碗上。

用这些漂亮的碗吃饭，心情一定很不错吧。

精致小巧的茶碗

　　我们中国人喜欢喝茶，喝茶时会使用专门的茶杯或茶碗。那么，在古代，人们使用什么器皿来喝茶呢？事实上，在刚开始古人喝茶时并不讲究，他们使用的是吃饭的碗。后来饮茶成为一种风尚，人们就创造了一整套饮茶用的器皿。因为茶具看上去就像是小小的碗，所以，人们又把喝茶用的茶具叫作茶碗。

　　对于爱好饮茶的人来说，饮茶就像吟诗作画一样，富有情趣，给人带来愉悦。因此，饮茶所用的各式茶具特别讲究，而小巧精致的茶碗也随之大受欢迎。

三国两晋南北朝时期的茶碗

小碗儿历史课

为什么有的茶碗下面带着一个碟子呢？

用来衬垫茶碗的碟子叫作茶托，又叫"瓷盏托"。据说最早出现在南朝，唐朝逐渐增多，到了宋朝最为流行，几乎成了茶碗的固定配件。关于茶托的由来，还有一个有趣的传说。相传在唐代，女子同样喜好饮茶，但是又害怕茶碗烫手，于是把茶碗放在一个盘子里隔热。为了防止茶碗滑动，又用蜡油将茶碗与盘子粘住，后来有人就将这个创意做成了带托的茶碗。

宋代茶碗

宋代带有托底的茶碗

清代茶碗

寄予美好寓意的盖碗

这种有盖子的茶碗叫作盖碗，是在我国明清时流行起来的。它是一种上有盖、下有托、中有碗的茶具，又叫作"三才碗""三才杯"。盖碗不仅名字好听，而且还蕴含美好的寓意——盖为天、托为地、碗为人，暗指天地人和的意思。

天　　　　　人　　　　　地

饱含孝心的寿碗

在古代，你知道后辈子孙会给老人送什么寿礼吗？最早在明朝，子孙为了表达孝心，在老人过寿的时候，会专门为寿星办一场"寿宴"，并制作一批寿宴专用的碗，我们称之为"寿碗"。寿碗上面刻有各种"寿"字或寓意长寿的图案和祝福的话语，比如说，"福如东海年年庆，寿比南山代代兴"。这样一只小小的寿碗，倾注了人们对长者的尊重和深情的祝福。

寿碗最早出现在明朝，明清时期的皇帝每到自己的寿辰，就命宫廷事务处制作堪称工艺品并刻有"万寿无疆"字样的寿碗。

团寿碗

粉彩贺寿碗

粉彩九桃贺寿碗

粉彩仙鹤贺寿碗

粉彩贺寿碗

在民国时期，开始把寿星的名字和年龄烧刻在碗身或碗底上，这时期的寿碗统称为"刻字寿碗"，而且这种碗的实用价值也非常高。

刻字寿碗

后来，寿碗流传了出来，在民间也就相应地出现了给老人贺寿用的寿碗。那时候的寿碗都是在碗上刻有各种"寿"字或寓意长寿的图案，比如寿桃、松柏、仙鹤、蝙蝠等。

具有时代印记的搪瓷碗

现在已经很少见到搪瓷碗了，可是，你知道吗，在 20 世纪 80 年代，搪瓷碗可是家家户户餐桌上必不可少的器皿。

和瓷碗相比，搪瓷碗的造型相对简单，不够细致，但不易摔裂，当然也会摔掉瓷影响美观。当人们生产出更多价廉物美的瓷碗、不锈钢碗、塑料碗、玻璃碗等用品后，日用搪瓷碗和其他搪瓷产品就逐渐从人们的生活中消失了。现在，碗的种类和功能越来越多，也让我们的生活更加方便。

搪瓷

搪瓷又称珐琅，最早出现在埃及，是一种利用高温涂凝在金属底坯表面上的无机玻璃瓷釉，具有耐高温、耐磨、绝缘等性能。其实，珐琅制品在古代可是贵族才能拥有的呢！

民国搪瓷小碗

印有文字的搪瓷碗

民国早期，只有城市里少数有钱人家才用得上搪瓷碗。在某种意义上，它堪称那个年代的奢侈品。

各种各样的搪瓷碗

碗与我们的手

看了古代不同时期的碗，你是否发现碗的外形和尺寸都发生了很大的变化呢？其实，古人在设计碗的时候，一直在探索这个问题——多大的碗与手、口接触起来更舒服呢？正如俗语里常说的，"有多大的手，用多大的碗"，可见，碗的尺寸与我们的手有着密不可分的关联。现在，就让我们探索一下这其中的奥秘吧！

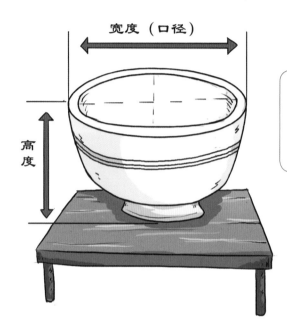

什么是碗的高度与宽度？

碗的高度是指从碗底到碗口的距离长度，宽度指的是碗的口径长度。

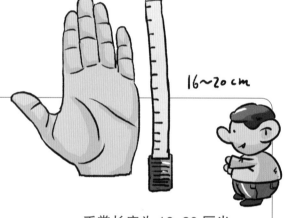

手掌长度为 16~20 厘米

手的尺寸

我们人类的手掌长度为 16~20 厘米，拇指与中指的距离是 20 厘米左右，手掌的宽度为 7~10 厘米。

拇指与中指的距离是 20 厘米左右

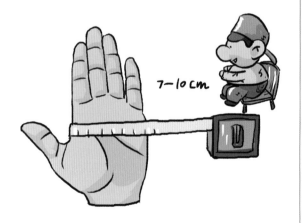

手掌的宽度为 7~10 厘米

手与碗的尺寸

在碗的尺寸中，那些看起来简单的数字，却凝结了古人几千年的智慧。在技术不够发达的朝代，碗的样子比较简单，变化不多。后来，碗从单一的样子发展到多种形态，再逐渐变得规整统一，尤其是到了清朝，人们已经总结了碗的大小、形状与人的生理结构之间的关系，最终形成了科学的数值。所以，今天的碗用起来才这么舒服呢。

手拿碗的动作

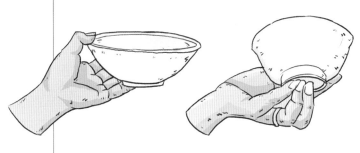

 手掌长度 ≥ 碗的半径

亲爱的小朋友，请在爸爸妈妈的帮助下，用尺子量一下你家里所有碗的尺寸和手的尺寸吧。

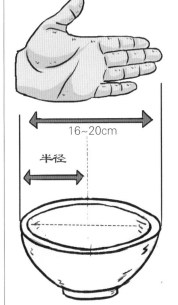

16~20cm

半径

根据人们拿碗的这些动作，不难看出，碗的宽度即口径大小与手的长度（16~20厘米）相对应，只要口径尺寸的一半小于手掌长度，碗就可以被手拿稳。

稳

20cm ＞ 碗的高度

碗的高度必须小于"拇指和其余手指所能夹住的尺寸"，即小于20厘米（拇指与中指的极限距离）。

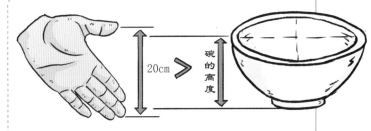

碗的高度 ＜ 拇指到中指

碗里的饮食文化

为什么中国人使用筷子，而西方人使用刀叉呢？为什么我们在吃饭的时候，长辈总是告诫我们不要用筷子敲碗呢？对于此类问题，你是不是总会好奇其中的缘由？其实，在中国几千年传承的饮食文化中，一些与碗有关的独特礼仪与风俗都有着特别的含义，可能会是一些有趣的故事，也可能是人们对美好生活的一种向往。现在，就让我们来了解一下吧。

作为游牧民族和航海民族的后代，欧洲人的食物来源有海鲜、牛羊肉、鸡肉等荤食，他们做饭的方法有煎、炸、炖、煮、烧烤等，常常把一整块肉弄熟了，放在盘子里，人们用刀一块一块地切割，再用叉子送到嘴里。

为什么西方人使用刀叉，中国人爱用筷子呢?

中国自古以来就是一个农业大国，所以，我们的食物多以素食为主，其中，很多地方的主食为稻米和小麦，配上蔬菜，再加上少量的肉类。做饭的方法非常多样，有炒、煎、炸、炖、蒸，等等。食物在入锅以前，就已经被切成小块了，那么，自然而然地孕育了筷子。碗里盛满食物，用筷子夹取，就像一对亲密无间的好搭档，构成了中国饮食文化的独特魅力。

用碗的礼仪和风俗

吃饭的时候，有没有长辈告诉你不能用筷子敲击空碗、打碎碗要说"岁岁平安"呢？很多孩子无法理解这么做的原因。其实，这些都是民间流传的说法，并没有什么科学根据。但因为寄托着人们祈福安康、驱灾避祸的美好愿望，所以随着时间的推移，也逐渐成为餐桌礼仪和风俗的一部分。

1 忌用筷子敲碗

用筷子敲空碗，是古代乞丐常用的一种乞讨动作。所以，在吃饭时敲碗就变成了一种忌讳。虽然这样做并不会真的变成乞丐，但人们还是从小教育孩子不要这样做，为的就是要避免这些不吉利的事情，希望家人安康。

2 忌筷子竖插在饭碗中

中国从很早的时候起，就有以食品祭祀祖先的风俗。祭祖时，考虑到逝去的先人已脱离躯壳，不能再自如地使用筷子，所以才在祭品的碗盆上竖插起筷子，表示一种敬畏之意。而平时生活中，如果将筷子竖插在碗盆上，就算是犯了忌讳，让人感觉不吉利。

岁岁平安

3 打碎碗要说岁岁平安

在我们生活中，特别是过节的时候，如果小孩子一不小心打碎了碗，父母都会说上一句与"碎"谐音的"岁岁平安"。这样做，既会让打碎碗这件不好的事情变成了预兆着"吉祥如意"的好事，也会让打碎碗的人得到安慰。

4 参加老人的丧宴后把碗带走

中国许多地方都有这样的风俗，凡有长寿的老人去世，大家都要把待客用的碗带走，拿回去给自家的孩子用来吃饭，意思是沾沾老人的福气，祈求长生。旧时医学技术不发达，小孩子的存活率普遍不高，人们就迷信地认为，如果小孩子用了长寿老人用过的碗，就会跟着沾上老人的长寿之气。

碗是怎么制作的

古代人是怎么制作陶碗的？

古往今来，人们创造了那么多精美的碗，那么碗到底是怎样做出来的？我们现在就一起来看看吧。

在最古老的陶碗制作方法中，古人先是把陶土捏成碗坯放到火上去烧，当陶土颜色变黑时，将它取下冷却，就制成了陶碗。虽然那时的陶器制作相对简单，但也出现了彩陶文化和黑陶文化，陶器呈土红色或黑色，上面彩绘着黑色或白色的纹饰。

1 练泥

将陶土放进木桶中加水不断搅拌，去除其中的空气和杂质后，揉成泥团。

3 放到阴凉处阴干

捏塑成型的碗必须放在阴凉通风的地方自然阴干，排除其中的水分。

2 捏塑成型

用双手将泥团捏成碗的形状。

4 用火烧制

将阴干的碗直接放到柴火中烧制，要连续烧一天以上，有时甚至要烧十几天的时间。

5 冷却成型

当陶土的颜色变黑时，将碗取出来冷却。这样，古老的陶碗就做好了。

小碗儿历史课

古代精美的陶器

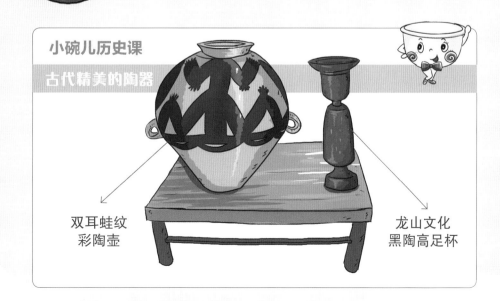

双耳蛙纹
彩陶壶

龙山文化
黑陶高足杯

现代人是怎么制作瓷碗的？

你体验过自己做瓷碗吗？是不是很羡慕别人可以很轻松地用泥团在旋转的圆盘上做出各种造型呢？其实，瓷器的制作可没有我们看到的那么简单，它的制作工序十分复杂，在古代就曾有"72道工序才能成就一件精美瓷器"的说法。虽然现代机器取代了部分手工制作的环节，但瓷碗的制作依然有很多特殊的工艺。现在，我们就一起去瓷器厂探秘吧！

接下来，就跟随我一起了解瓷器的诞生过程吧。

1 练泥

将瓷土原料放进大桶中搅拌，大约经过 24 小时，变得黏稠后，将其揉成泥团。

2 拉坯

将泥团摔掷在辘轳车的转盘中心，利用拉坯机旋转产生的离心作用，将泥料拉伸成想要的碗的样子。

拉坯成型的方法

陶瓷成型的方法有很多，比如泥板成型法、捏塑法、圈泥成型法等，拉坯法只是其中的一种。

❶ 泥板成型法： 将黏土切成适当大小的泥板，然后粘连成型。

❷ 捏塑法： 用双手不断地捏塑黏土使其成型。

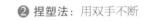

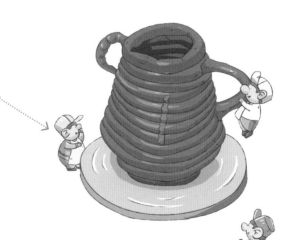

❸ 圈泥成型法： 将黏土揉成圆条状，一层层圈围上去，制成物品的形状。制作大型水缸大多采用这种方式。

3 印坯

根据要做的碗的形状，选取不同的印模将碗坯制成各种不同的形状。首先，将晾至半干的碗坯覆在模种上，然后均匀地按拍坯体外壁，最后脱模。这样做的目的是让手工制作的瓷碗在烧制后能整齐划一。

4 利坯

将印好的坯进行精加工，使坯更加规整圆润。

5 晒坯

将加工成型的坯摆放在木架上晾晒。

6 刻花

如果想要碗有突起的花纹，则需要用竹片或铁制的刀具在已干或半干的碗坯上刻画出花纹。

上釉

7 施釉

给碗的表面涂上一层釉。

大部分陶瓷制品需要经过施釉之后才能进窑烧造。施釉工艺看似简单，却是极为重要和较难掌握的一道工序，必须做到坯体各部分的釉层均匀一致，厚薄适当，实在不是件容易的事呢。

不同的上釉方法

给碗坯上釉的方法很多种，根据不同的产品形状和要求可以采用不同的上釉方法。常见的方法有浸釉法、荡釉法和喷釉法。

❶ 浸釉法：将坯体浸入釉中片刻后取出，利用坯的吸水性使釉浆附着于坯上。

❷ 荡釉法：把釉浆倒入坯的内部，然后晃荡，使上下左右均匀上釉，再把多余的釉浆倒出来，这种方法适合于瓶、壶等琢器。

❸ 喷釉法：用喷釉器将釉料雾化喷到坯体表面。

色料

8 绘制图案

很多瓷碗上面都有漂亮的图案，
有的清新淡雅，有的绚丽夺目。

瓷器的彩绘和一般的绘画可不同，在坯体上作画时所见的颜料色彩经过高温烧制和烘烤后会发生很大变化。看到一件件颜色暗淡、貌不惊人的半成品，经过炉火的烧炼竟会呈现出那么绚丽夺目的色彩，多么奇妙呀！

釉下彩和釉上彩

工匠们通过不同的方式把图案画在瓷器上，画画的方式不同，呈现的效果也会有很大的不同。最常见的两种方式叫作釉上彩与釉下彩。

色料

上釉

釉下彩：在生坯（未入窑烧制的坯）或经过烘烤后的素坯上用色料画画，然后上釉，入窑烧制而成。采用釉下彩的瓷器表面光滑、色彩光润。在我国古代，很多有名的瓷器都是采用了釉下彩，比如说，魏晋时期的青瓷、元代的青花瓷。

釉上彩：先将坯体烧成瓷器之后，再用色料在瓷器表面作画，然后入窑烧制而成。釉上彩的色彩非常丰富，表现技法也非常多，所以，那些采用釉上彩的瓷器往往都非常鲜艳夺目，纹样突出。

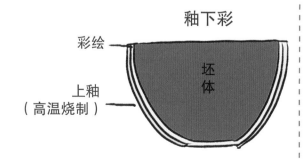

釉下彩

彩绘

坯体

上釉
（高温烧制）

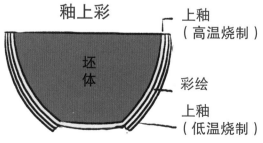

釉上彩

上釉
（高温烧制）

坯体

彩绘

上釉
（低温烧制）

9 烧窑

最后一步，就可以把准备好的坯体放入窑内烧制啦，经过漫长的烧制，坯体变得越来越坚硬，最终完成了从泥到瓷的蜕变。

窑的种类

以前的窑是用木柴当燃料，现代的窑有电窑、瓦斯窑等，利用电力、瓦斯烧制陶瓷。

柴窑

电窑

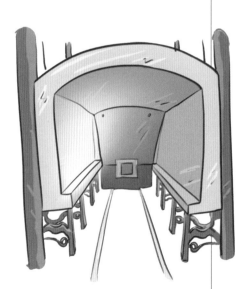

瓦斯窑

木质漆碗是怎么制作的？

一个木头做成的漆碗是不是看起来很普通？可是，你知道吗，它必须靠工匠高超的技术、不厌其烦地将漆料一层层地涂在木碗上，并打磨、阴干，如此重复数次至数十次，需要几天甚至几个月才能完成。现在，我们就去看一看它的制作过程吧。

1

选择材料，一般要选用银白杨、泡桐、柳树、杏树、枣树、桑树等木材作为原料，这些木头有韧性、无毒、无异味、不易变形。

2

将木材刨出碗的粗略轮廓。

3

经过机器雕磨，制作成碗的基本形状。

过去人们用手工雕磨木碗，很费工夫，做出来的碗必须是厚薄均匀、线条优美、碗底平稳。制作一只木碗往往需要刻画3000多刀，其间还要根据不同部位要求，不停地变换宽窄不同的刻刀、尖刀、铧刀等工具。

4

用砂纸将木碗打磨光滑。

小碗儿历史课

什么是生漆？

从漆树干上流出来的漆液称为生漆，是乳白色的，但暴露在空气中几秒钟后，会变成红棕色，而且时间越久颜色越深。这是因为漆液中含有酵素，在空气中会氧化。若将生漆加热搅拌，或掺入铁粉，则可制成透明漆或黑漆。

5

给木碗涂上一层红棕色的生漆。

6

木碗会吸收部分漆液，用干布擦去多余的部分，并放在暗室中阴干。

7

接下来需要重复打磨、上漆、阴干等步骤四次。

8

最后再涂上一层透明漆或黑漆作为装饰，也可以绘上花纹。

9

将成品阴干。这样，一个漂亮的木质漆碗就做好啦！

世界上最大的木碗和木勺

一群来自俄罗斯下诺夫哥罗德州的民间手工艺者，联合制造出一只世界上最大的木碗，它的直径为1.5米，小孩子都可以躺在里面睡大觉呢。据说，手工艺者为此赶工一个月，而雕刻木碗时产生的锯末足足装满了3个集装箱。完工后，手工艺者又为它造了个长3米的大木勺。哈哈，这样一来，人们就可以用这个碗盛出4000份粥或汤，足可以让小镇的居民饱餐一顿呢。

塑料碗是石油变成的吗？

你的家中有塑料碗吗？其实，和瓷碗比起来，塑料碗的数量更为庞大。在许许多多的饭店、食堂，几乎使用的全是塑料餐具。因为，塑料餐具经久耐用、价格便宜，有着鲜艳的色彩和各种各样的形状，而且不像瓷碗那样容易摔坏，适合在快餐店、食堂这样的场所使用。可是，你一定想象不到，我们用的塑料碗竟然来自石油吧？现在就一起来看看石油是怎么变成塑料碗的吧。

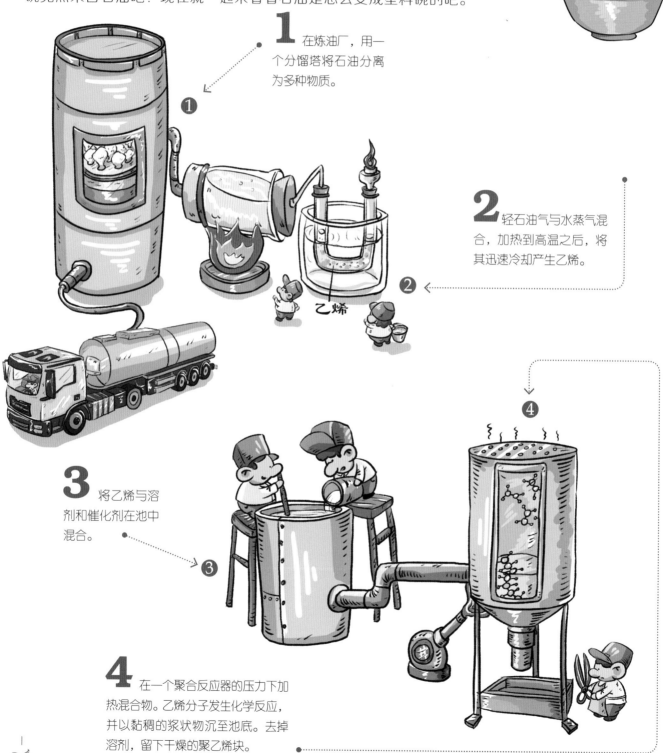

1 在炼油厂，用一个分馏塔将石油分离为多种物质。

2 轻石油气与水蒸气混合，加热到高温之后，将其迅速冷却产生乙烯。

乙烯

3 将乙烯与溶剂和催化剂在池中混合。

4 在一个聚合反应器的压力下加热混合物。乙烯分子发生化学反应，并以黏稠的浆状物沉至池底。去掉溶剂，留下干燥的聚乙烯块。

5 将聚乙烯块放入冲压机，形成塑料树脂小球。

6 将小球打包运到塑料制品加工厂。

7 把塑料树脂小球放入锅中搅拌加热，让它熔化成黏糊糊的液体。

8 将液体倒入模具里，等其凝固之后即可得到成型的塑料碗。

小碗儿科普课

请减少使用塑料餐具！

塑料碗的奥秘全在于它的原材料——塑料。塑料可不是自然界本来就有的天然物质，而是人类经过一系列化学方法制作出来的。塑料有很多优点，但是也有很大的缺点，那就是废弃的塑料会造成严重的环境污染，塑料含有很多对身体有害的东西。所以，我们应当**减少使用塑料餐具**。

关于碗的真真假假

关于碗的真相你知道多少？一起来看看吧。这个好玩的游戏会告诉你，什么事是真的，什么事是假的。

哈哈，来跟我一起揭秘吧，有些事可能会令你大吃一惊哦！

白瓷碗可以放在微波炉里加热食物。
在微波炉里加热食物可以用瓷碗，但是最好使用没有彩釉的白胎瓷碗。因为，彩釉在高温下会释放对身体有害的铅。

白瓷碗 →

用过的碗不用及时清洗。
吃完饭后，最好不要偷懒，一定要把碗及时地清洗干净。实验证明，在碗中各放入 1～5 克的肉类、鱼、米饭、蔬菜，放置在室温环境下 10 个小时，碗内的葡萄球菌、大肠杆菌数目会增加至原来的 7 万倍！而碗上也会附着差不多数量的病菌，就算用洗涤剂清洗，碗上还是会有一定数量的残留病菌。所以大家再懒也要把碗及时洗净！

3.5 寸

4 寸

4.5 寸

5.5 寸

6 寸

碗在中国是用寸来做计量单位的。
是的，中国餐具一直都是用寸来计算直径。一寸大概是 3.3 厘米。常见的碗有 3.5 寸、4 寸、4.5 寸的，还有更大一些的 6 寸碗。

不是我！

孔明碗

孔明碗是诸葛亮发明的。

孔明碗，又叫诸葛碗，其最大的特点是由两只碗上下粘接而成，两碗中间留空，外面碗底心有一圆孔相通，人们便因这"孔"而将其称为"孔明碗"。事实上，孔明碗与诸葛亮没有一点儿关系。孔明碗出自北宋时期的龙泉窑，胎体厚实，外碗底的孔较大。这是上层社会的一种供奉祭祀器物，所以很少见到。孔明碗还有一个特殊功能，外碗底的孔能让沸水进入夹层，起到保温的效果，所以又叫作暖碗。

"丢掉饭碗"是有历史典故的！

大约在 2400 年前，齐国的相国孟尝君为了吸引全国的贤才奇士，请了 3000 个有才能的人在相府里做食客（相当于顾问）。因为人数众多，每天吃饭的时候府里都很混乱，甚至还有百姓混进来蹭饭吃。为了制止此事，孟尝君让手下人去陶器作坊里烧制了 3000 个陶碗，一个食客发一个，有碗就有饭。但是陶碗很容易摔碎，拿到陶碗的食客都十分小心，生怕被弄破了没有饭吃。一次，孟尝君想测试一下一个食客的学问，不料此人竟一无所知，恰巧此时他的陶碗摔碎了，也因此失去了食客的身份。之后，人们就把"丢掉饭碗"比作失去了工作。

1+1=

金碗和银碗也是像瓷碗一样烧制出来的。

当然不是了，金碗和银碗是将金、银两种金属分别熔化后，浇铸在相应的模具中，冷却成型后，再经过工匠精雕细刻、手工打造而成。

小实验: 小小碗乐队

你知道吗，在瓷碗里放入不同量的水，敲打起来会发出音调不同的声音。在古代，就曾有专门用来演奏乐曲的水碗。那么你想不想自己组建一个碗乐队呢？一起来试试吧。

注入步骤

1

将6个瓷碗摆成一排，成半弧形；大碗放在一边，小碗放在另一边；相互保持一定的距离，平放在桌面上。每个碗的前面各放一张小纸片，自左向右为每个碗编上号码：1、2、3、4、5、6，分别对应6个音符：Do、Re、Mi、Fa、Sol、La。

2

在每个碗里加上数量不等的水，使它们各自能发出不同的6个音。首先在1号大碗里加满水，5号碗里不放水。

3

在4号碗里放半碗水。

4

3号碗里先放进和4号碗里一样多的水，再加留下的空间的一半水。

再加一半的一半

5

2号碗里要加的水，除了先和3号碗一样多外，也把剩下的空间再加上一半水。这样，1号碗水位最高，依次递减下来，6号碗则需要等调音的时候再加水，5号碗是一个空碗。

再加一半的一半

调音方法

碗里加了不等量的水，敲起来的声音也会不同，由低音到高音依次递升。音调如果不准确的话，我们还可以根据下面的方法仔细调整。

1

用筷子柄敲击 5 号碗和 3 号碗，音调是否是 Sol 和 Mi，如果不对，就调整 3 号碗的水量，直到调准了为止。

2

然后调整 5 号碗和 1 号碗，听听音调是否是 Sol 和 Do，如果不对，就调整 1 号碗的水量；依次敲击 1 号、3 号和 5 号碗，听听是不是发出 Do-Mi-Sol 的声音。

3

最后，把 6 号小碗也加上水，调整碗里的水量并敲击，直到发出 La 的声音为止。好啦，最难的"调音"工作就完成啦！

$$1122\ |\ 331-\ |\ 4432\ |\ 331-\ |$$
$$3344\ |\ 553-\ |\ 6654\ |\ 553-|$$

4

调音成功以后就可以按照乐谱上的曲调顺序敲打不同的碗，小小碗乐队就开始演奏了！这里有一首只有 6 个音阶的曲子，大家可以跟着一起练习：

1122 | 331- | 4432 | 331- |
3344 | 553- | 6654 | 553- |

（五月美妙 五月好 五月叫我 心宽畅！）
（蔚蓝天空 白云飘 五月鲜花 处处香！）

小碗儿旅行记

我和我的小伙伴曾经到世界各地去旅行，在旅途中遇到和听到了很多有趣的事……

1 揣在身上的木碗

藏族人对木碗有着特殊的感情，走到哪儿都要揣着自己的木碗，形影不离，在家用这只木碗，出门在外也用它。在藏族文化中，木碗被看成是爱人的象征，那么把木碗揣在身上，也寄托了一种美好的祝福。

2 会变魔术的碗

由法国设计师设计的这个碗，看上去就像被扭曲和损坏了一样。当碗里盛满了牛奶或者果汁，它就会像变魔术一样，呈现出不同形态的小动物形象，非常有趣。

3 德国人在婚礼上狂摔碗碟

在婚礼当天，参加婚礼的亲朋好友每人都带着几样碗、碟、瓶子之类的物品，在婚礼快结束时，将这些碗碟等猛砸猛摔一通。他们认为这样可以驱除烦恼。

4 日本人吃饭碗最多

如果你去日本料理店吃大餐，用到的碗会比平常多上几倍。那是因为日本人吃饭不注重量而注重种类。一道菜的量很少，但是种类却很多。每种食物要用一个干净的碗盛，绝对不会出现为了节省空间而在一个碗中装入几种菜的现象。

5 世界上最大的瓷碗

2017年1月，中国人烧制的中华碗获得吉尼斯世界纪录认证，成为世界上最大的瓷碗。该碗高128cm，碗口直径263cm 看起来简直像个大澡盆！

6 "金牌" 竟是一个瓷碗

1900年，美国人玛格丽特·阿伯特是唯一一位在奥运会高尔夫项目上获胜的女运动员。她在巴黎赢得了9洞比赛的冠军，令人意外的是奖品是一个瓷碗，因为那时还没有奥运金牌。